KB249068

몬스터 수학 규칙 찾기
반짝반짝
목걸이 만들기
매들린 타일러 글
에이미 리 그림
이계순 옮김
기린미디어

3

기다란 줄 여러 개에
구슬들을 규칙적으로 꿰어…

예쁜 무늬를
만들어 보자!

빨강, 파랑, 빨강, 파랑, 빨강…

다음에는 어떤 색이 차례로 와야 할까?

파랑, 빨강, 파랑!

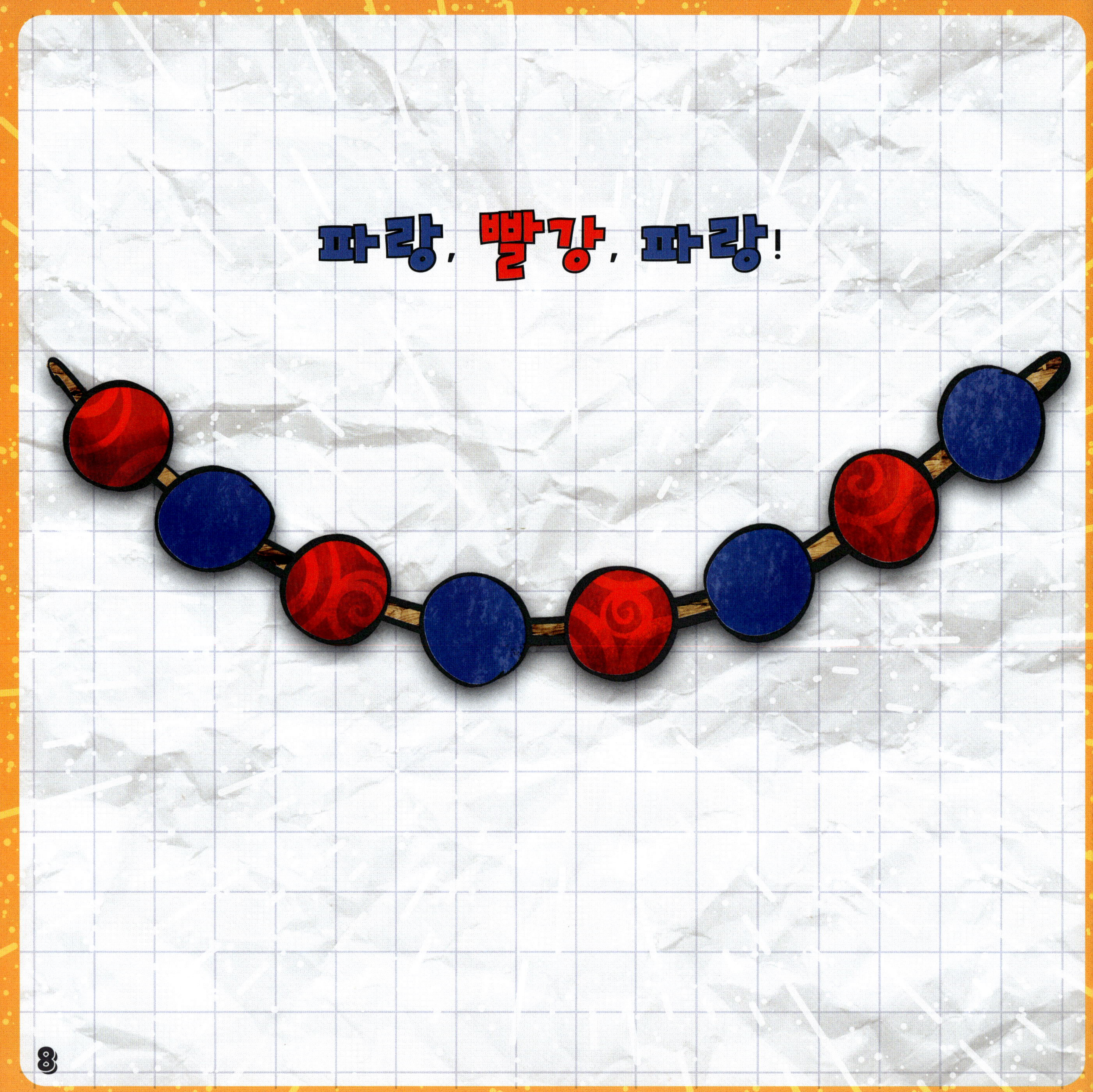

무늬가 참 예쁘지?

동그라미, 네모, 동그라미, 네모…

다음에는 어떤 모양들을 꿰어
무늬를 완성해야 할까?

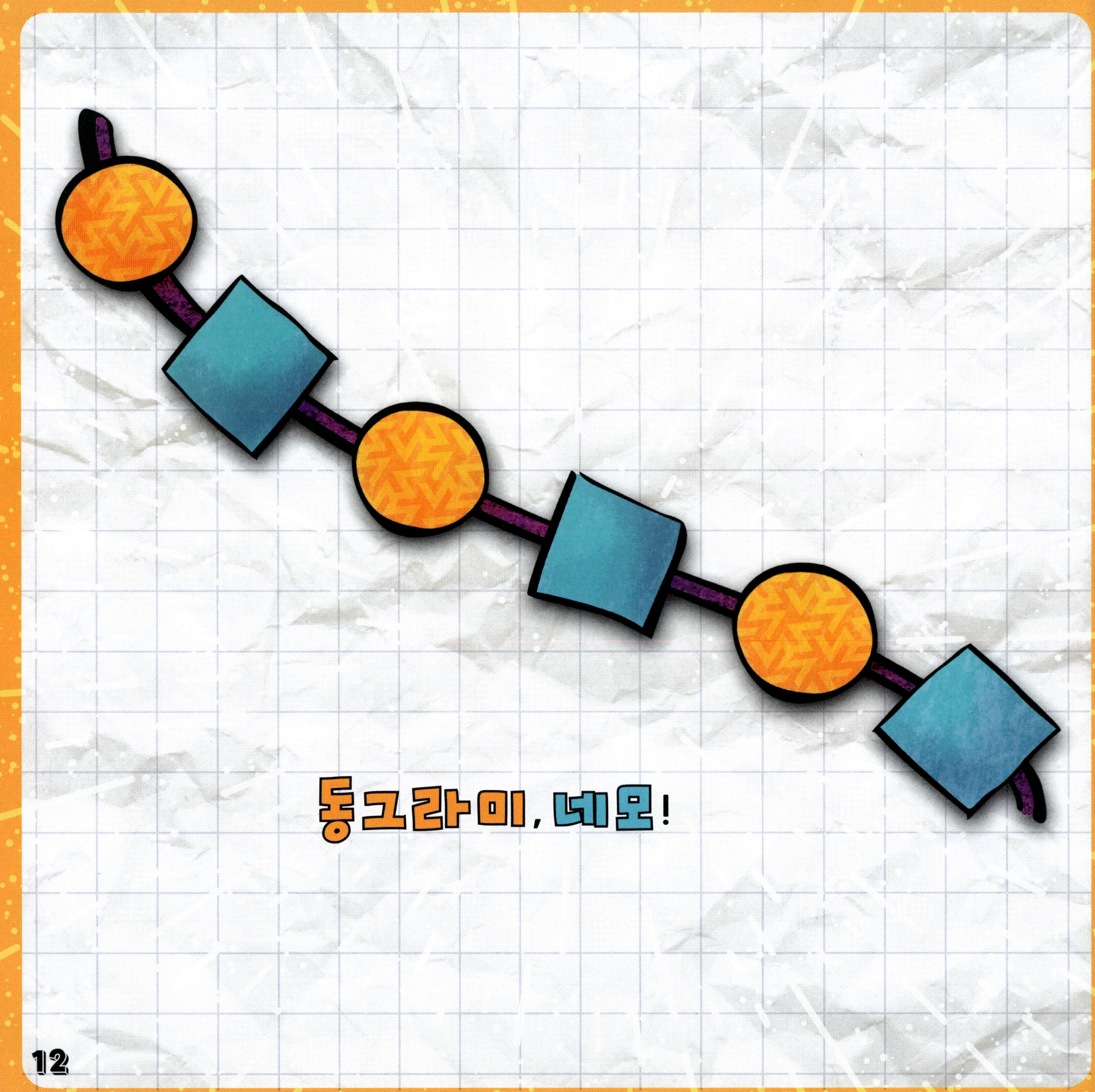

동그라미, 네모!

목걸이를 또 하나 만들었어!

구슬
분홍, 분홍, 초록, 분홍, 분홍, 초록…

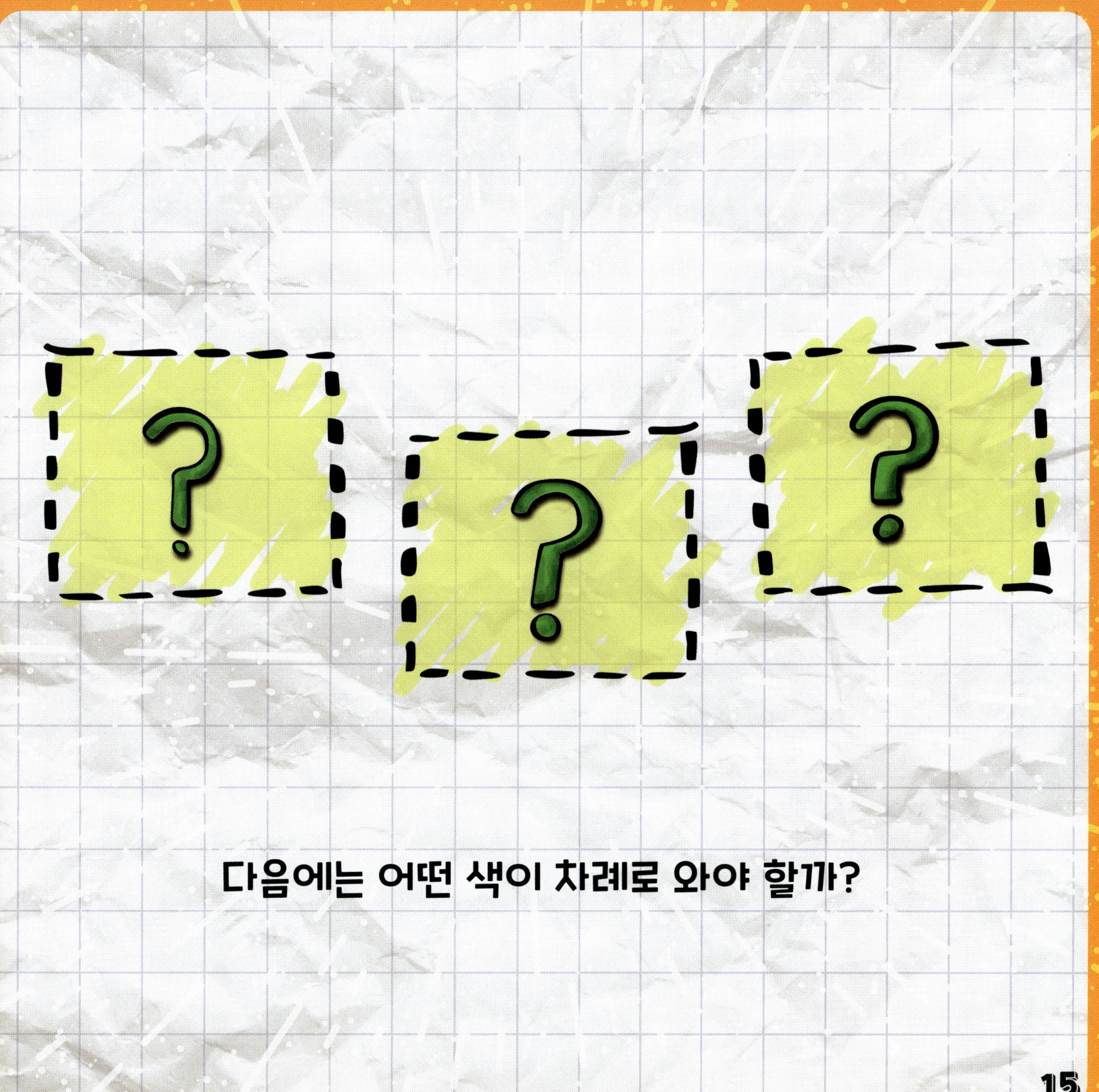

다음에는 어떤 색이 차례로 와야 할까?

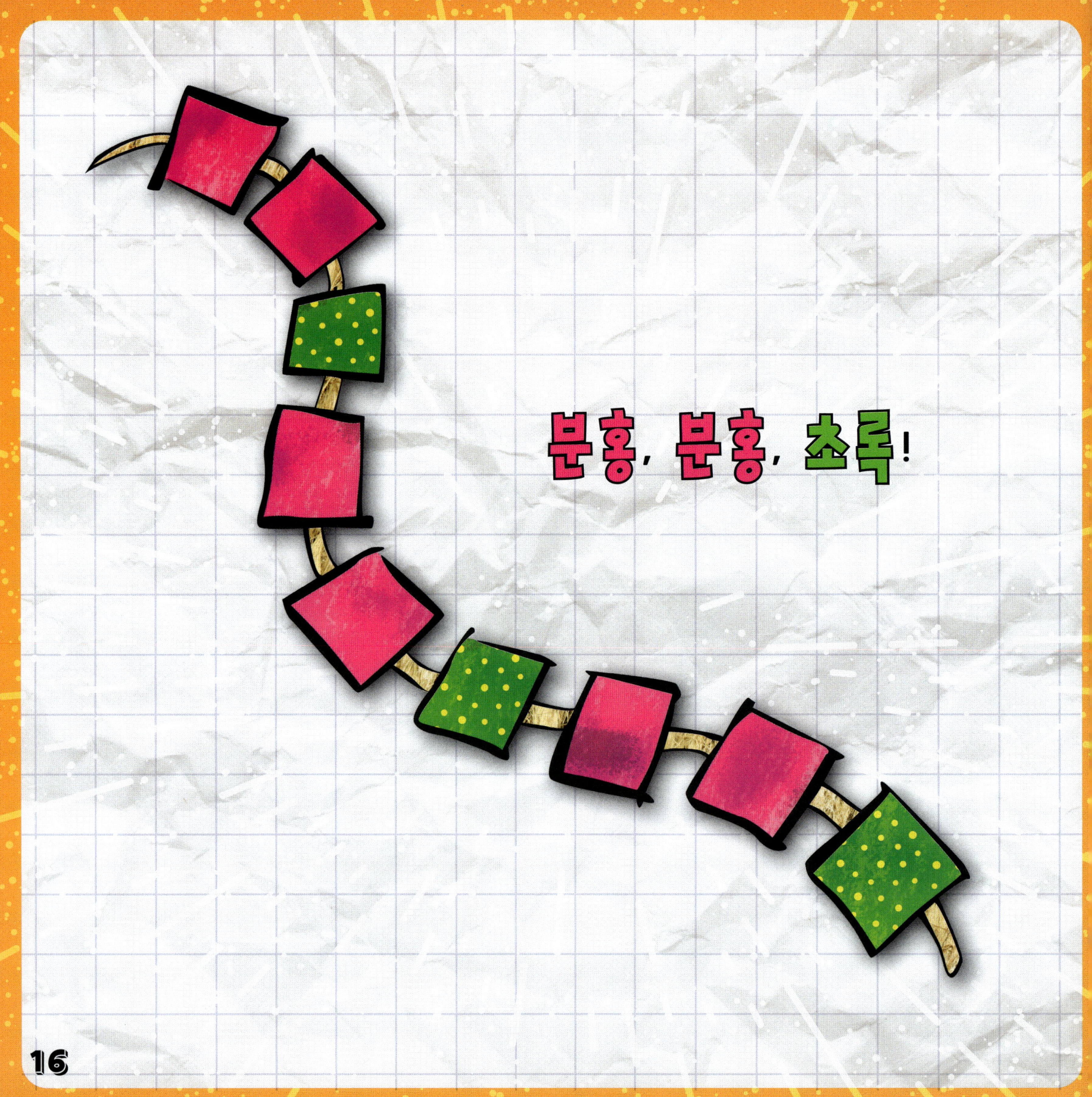
분홍, 분홍, 초록!

색이 정말 화려한걸!
구슬
17

구슬
별, 동그라미, 세모, 별, 동그라미, 세모…

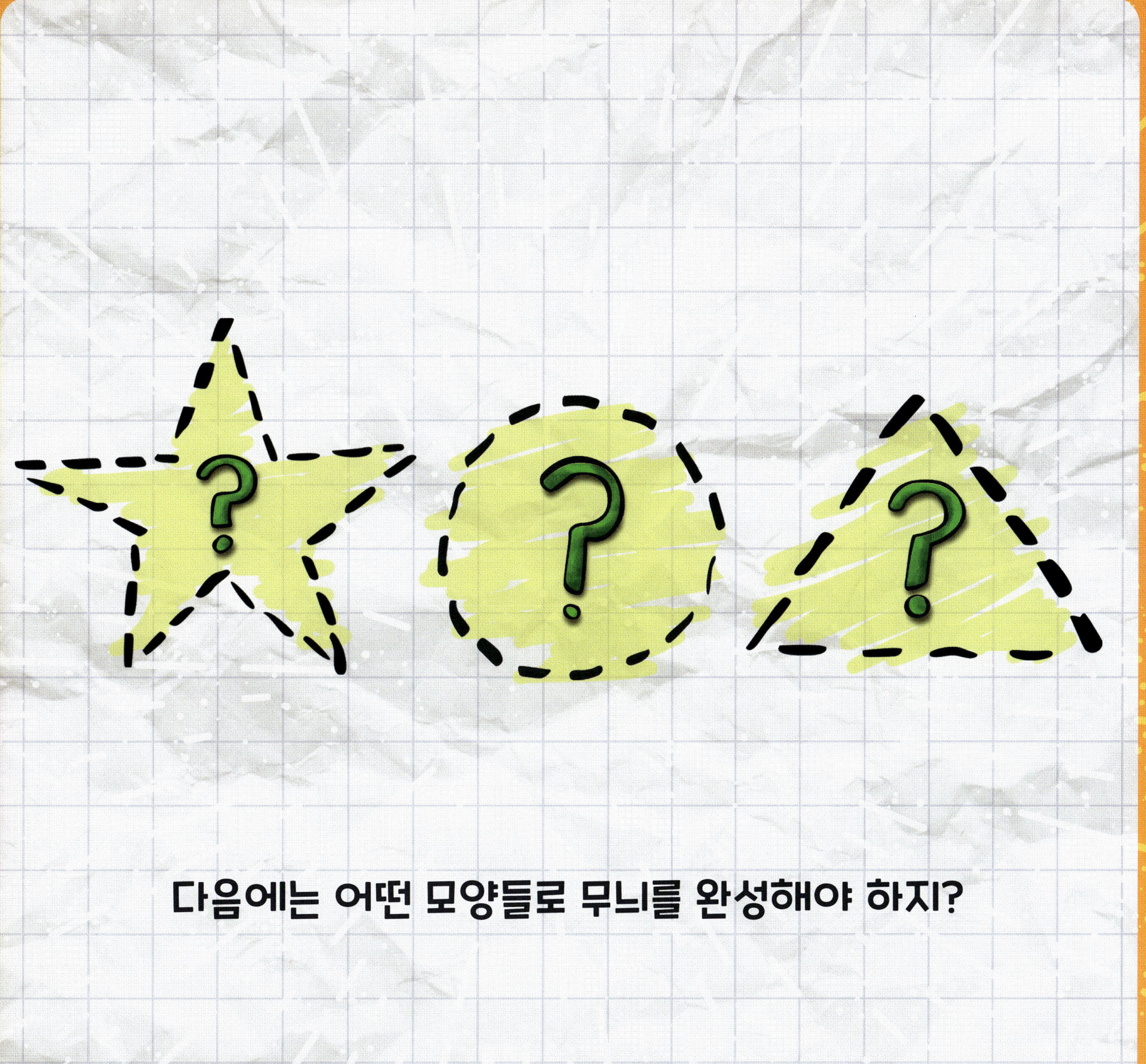

다음에는 어떤 모양들로 무늬를 완성해야 하지?

별, 동그라미, 세모!

자, 이 무늬에는 어떤 모양들이
모여 있는지 말해 볼래?

이 무늬들 좀 봐!

친구들도 패치가 선물한 목걸이가
마음에 드나 봐!

넌 어떤 무늬가 제일 좋아?

MONSTER MATHS

PATTERNS

영어판

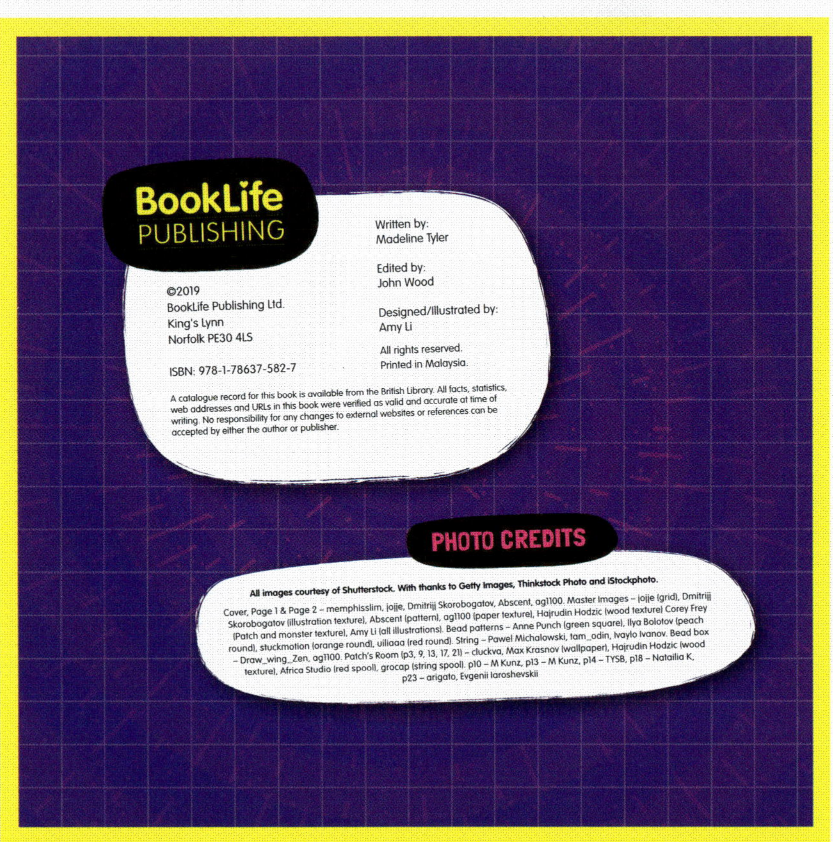

BookLife
PUBLISHING

Written by:
Madeline Tyler

Edited by:
John Wood

Designed/Illustrated by:
Amy Li

©2019
BookLife Publishing Ltd.
King's Lynn
Norfolk PE30 4LS

ISBN: 978-1-78637-582-7

All rights reserved.
Printed in Malaysia.

A catalogue record for this book is available from the British Library. All facts, statistics, web addresses and URLs in this book were verified as valid and accurate at time of writing. No responsibility for any changes to external websites or references can be accepted by either the author or publisher.

PHOTO CREDITS

All images courtesy of Shutterstock. With thanks to Getty Images, Thinkstock Photo and iStockphoto.

Cover, Page 1 & Page 2 – memphisslim, jojje, Dmitrijj Skorobogatov, Abscent, ag1100. Master Images – jojje (grid), Dmitrijj Skorobogatov (illustration texture), Abscent (pattern), ag1100 (paper texture), Hajrudin Hodzic (wood texture) Corey Frey (Patch and monster texture), Amy Li (all illustrations). Bead patterns – Anne Punch (green square), Ilya Bolotov (peach round), stuckmotion (orange round), uiliaaa (red round). String – Pawel Michalowski, tam_odin, Ivaylo Ivanov. Bead box – Draw_wing_Zen, ag1100. Patch's Room (p3, 9, 13, 17, 21) – cluckva, Max Krasnov (wallpaper), Hajrudin Hodzic (wood texture), Africa Studio (red spool), grocap (string spool). p10 – M Kunz, p13 – M Kunz, p14 – TYSB, p18 – Natailia K, p23 – arigato, Evgenii Iaroshevskii

Patch wants to make necklaces for all her friends.

3

She will need lots

of beads and lots of string...

4

...to make some

pretty patterns!

5

Red, blue, red, blue, red...
6

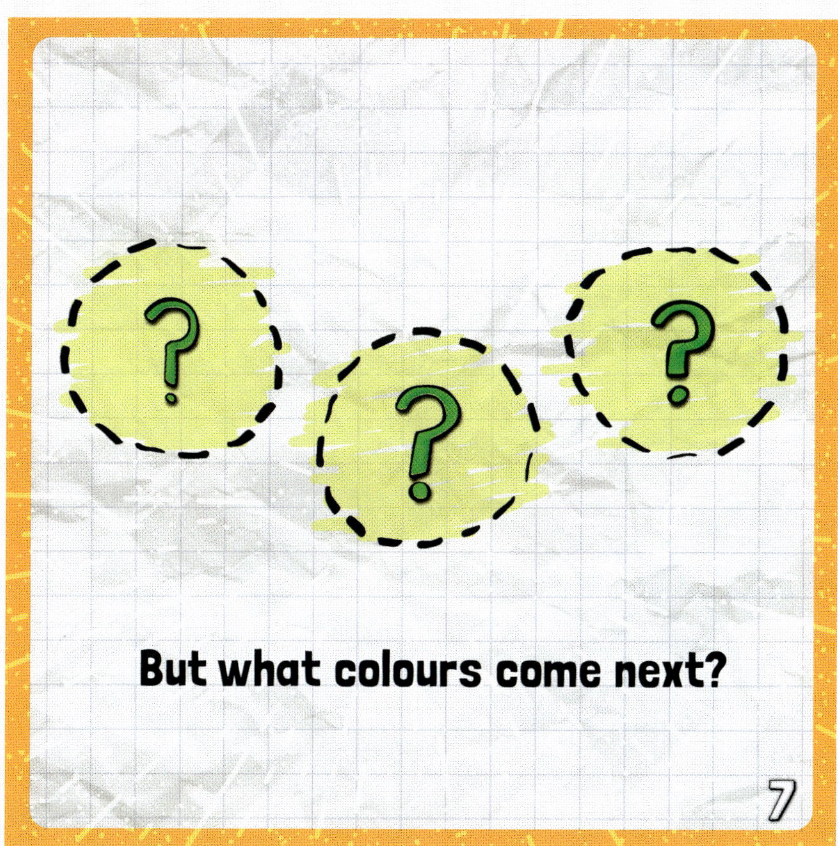

But what colours come next?
7

BLUE, RED, BLUE!
8

What a pretty pattern!
9

Circle, square,
circle, square...

10

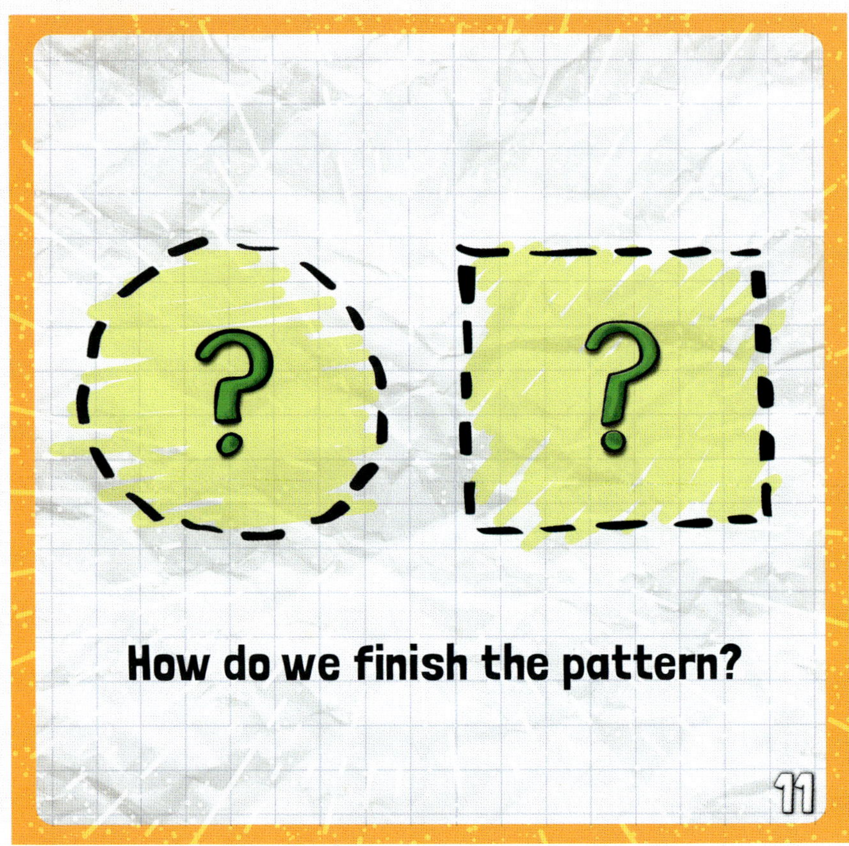
? ?

How do we finish the pattern?

11

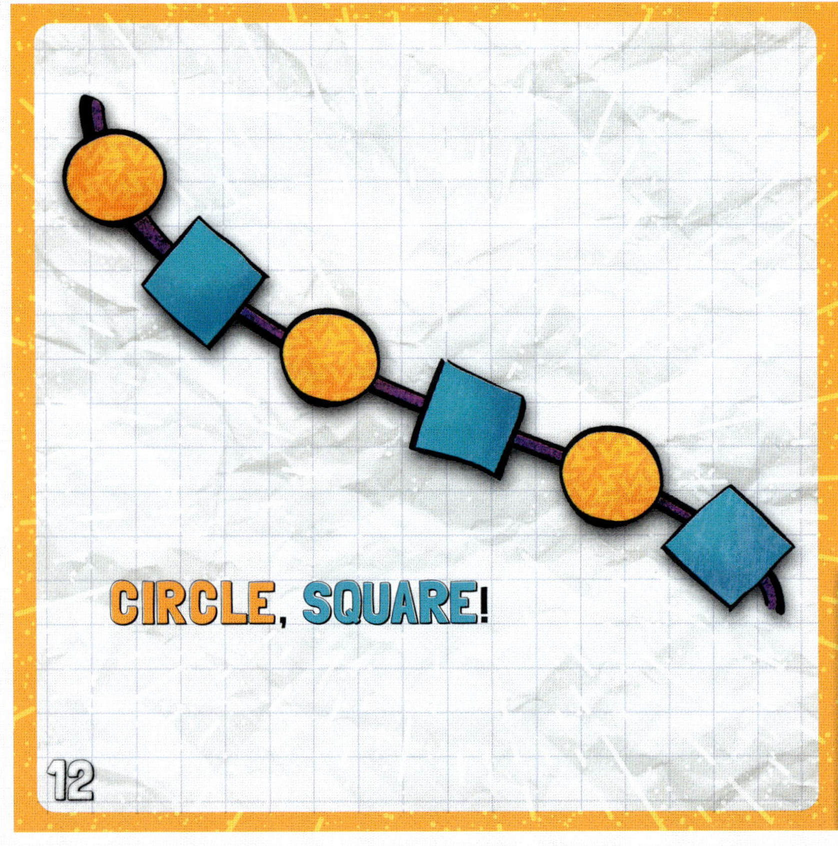
CIRCLE, SQUARE!

12

Now the necklace is finished!

13

Pink, pink, green,
pink, pink, green…

14

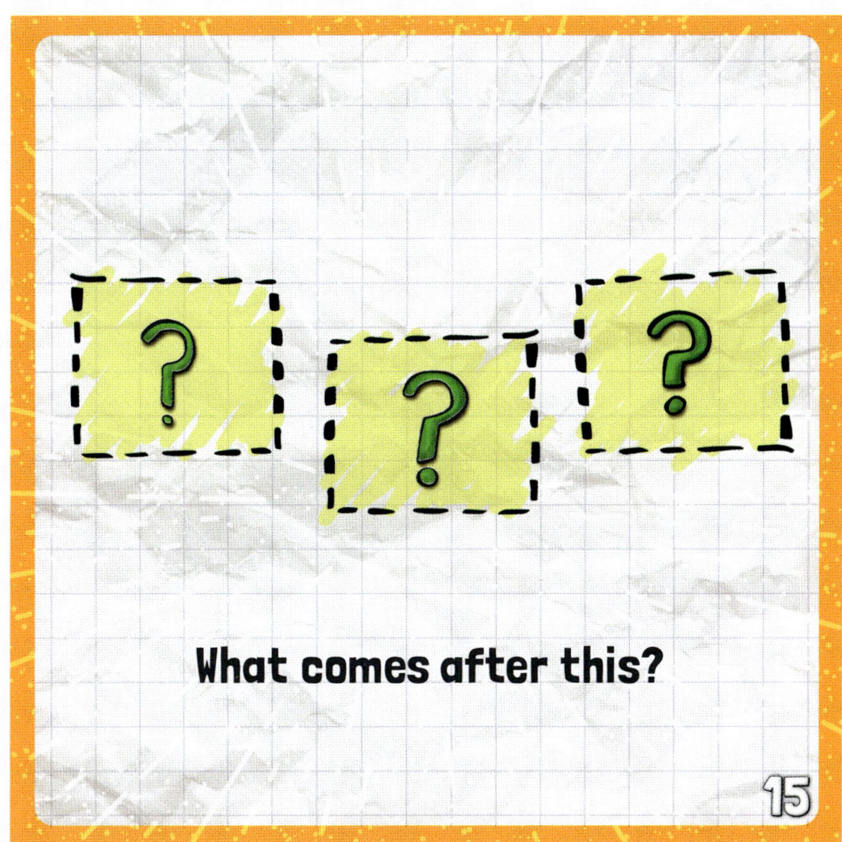

What comes after this?

15

16

17

Star, circle, triangle,
star, circle, triangle...

18

Can you finish the pattern?

19

20

21

Look at those patterns!
22

Patch's friends love
their new necklaces!
23

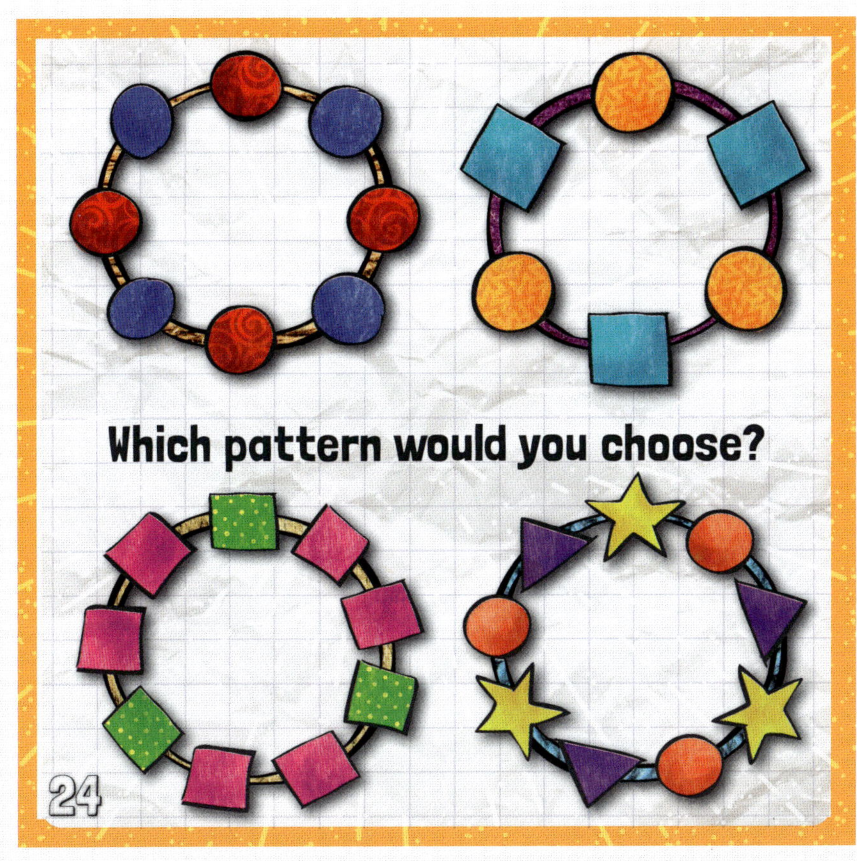

Which pattern would you choose?
24

본스터 수학 규칙 찾기

반짝반짝 목걸이 만들기

초판 1쇄 인쇄 2020년 12월 4일 | **초판 1쇄 발행** 2020년 12월 10일
글쓴이 매들린 타일러 | **그린이** 에이미 리 | **옮긴이** 이계순
펴낸이 김민영 | **책임 편집** 이정은 | **디자인** 박두레
펴낸곳 기린미디어 | **등록** 2016년 4월 26일 제 2016-000009호
주소 경기도 김포시 모담공원로 17
전화 0505-302-2381 | **팩스** 0505-300-2381 | **전자우편** girinmedia@daum.net

ISBN 979-11-91142-03-7 74410
　　　 979-11-91142-00-6 (세트)

이 도서의 국립중앙도서관 출판예정시도서목록(CIP)은 서지정보유통지원시스템 홈페이지(http://seoji.nl.go.kr)와
국가자료공동목록시스템(http://www.nl.go.kr/kolisnet)에서 이용하실 수 있습니다. (CIP제어번호 : CIP2020039366)

MONSTER MATH: PATTERNS
Written by Madeline Tyler, Edited by John Wood, Designed/Illustrated by Amy Li
Copyright ⓒ 2019 Booklife Publishing
All rights reserved.
Korean translation copyright ⓒ GIRIN MEDIA 2020
Korean translation rights are arranged with Booklife Publishing through B.K. Norton and AMO Agency.
이 책의 한국어판 저작권은 AMO에이전시를 통해 저작권자와 독점 계약한 기린 미디어에 있습니다.
저작권법에 의해 한국 내에서 보호를 받는 저작물이므로 무단 전재와 무단 복제를 금합니다.

*책값은 뒤표지에 표시되어 있습니다.

*파본이나 잘못된 책은 구입하신 곳에서 바꿔드립니다.

품명 아동 도서 | **사용연령** 5세 이상 | **제조국** 대한민국 | **제조년월** 2020년 12월 10일 | **제조자명** 기린미디어
연락처 0505-302-2381 | **주소** 경기도 김포시 모담공원로 17
주의사항 종이에 베이거나 긁히지 않도록 조심하세요. 책 모서리가 날카로우니 던지거나 떨어뜨리지 마세요.
KC마크는 이 제품이 공통안전기준에 적합하였음을 의미합니다.

사진 출처

Shutterstock, Getty Images, Thinkstock Photo, iStockphoto
표지, p1-2 : memphisslim, jojje, Dmitrijj Skorobogatov, Abscent, ag1100. 마스터 이미지 : jojje(격자 무늬), Dmitrijj Skorobogatov(그림 질감), Abscent(패턴), ag1100(종이 질감),
Hajrudin Hodzic(나무 질감) Corey Frey(패치와 몬스터 질감), Amy Li(모든 그림). 구슬 무늬 : Anne Punch(초록 사각형), Ilya Bolotov(분홍 원), stuckmotion(주황 원), uiliaaa (빨강 원).
끈 : Pawel Michalowski, tam_odin, Ivaylo Ivanov. 구슬 상자 : Draw_wing_Zen, ag1100. 패치의 방(p3, 9, 13, 17, 21) : cluckva, Max Krasnov(벽지 질감), Hajrudin Hodzic(나무 질감),
Africa Studio(빨강 실패), grocap(끈 실패). p10 : M Kunz, p13 : M Kunz, p14 : TYSB, p18 : Natailia K, p23 : arigato, Evgenii Iaroshevskii

글쓴이 **매들린 타일러**
60여 권의 책을 쓴 재능있는 작가입니다. 대학에서 비교문학을 전공했습니다. 지역 학교에서 어린이들의 독서를 돕는 활동으로 대학 자원 봉사 상을 수상하기도 했습니다.

그린이 **에이미 리**
어릴 적부터 자신만의 이야기를 쓰고 그림을 그리는 등, 책과 그림에 대한 열정을 보여왔습니다. 대학에서 그래픽 디자인과 일러스트레이션을 전공했습니다. 80여 권이 넘는 책의 디자인과 일러스트레이션을 작업했습니다.

옮긴이 **이계순**
서울대학교를 졸업했고, 인문사회부터 과학에 이르기까지 폭넓은 분야에 관심을 갖고 공부하는 것을 좋아합니다. 좋은 어린이·청소년 책을 우리말로 옮기는 일에 힘쓰고 있습니다. 옮긴 책으로 《그해 여름 너와 나의 비밀》, 《캣보이》, 《1분 1시간 1일 나와 승리 사이》, 《말똥말똥 잠이 안 와》, 《지키지 말아야 할 비밀》, 《공룡 나라 친구들 시리즈(전11권)》 등이 있습니다.

몬스터 수학 시리즈

친절하고 귀여운 몬스터들과 함께 배우는 재미난 수학!
어느새 수학이 신나는 놀이처럼 느껴질 거예요.
책 맨 뒤에는 영어 원서도 수록되어 있어서
수학도 배우고 영어도 익힐 수 있어요.

숫자 세기 **신나는 생일 파티**
측정하기 **누가 누가 빠를까?**
규칙 찾기 **반짝반짝 목걸이 만들기**
도형 찾기 **동글동글 해님은 원이야**
덧셈 **모두 모두 모여라!**
뺄셈 **일곱 마리 강아지**
돈 세기 **이 사탕 얼마예요?**
시계 보기 **지금 몇 시야?**

매들린 타일러 글, 에이미 리 그림, 이계순, 차정민 옮김